Bibliografische Information der Deutschen Nationalbibliothek:

Die Deutsche Bibliothek verzeichnet diese Publikation in der Deutschen National-
bibliografie; detaillierte bibliografische Daten sind im Internet über http://dnb.d-
nb.de/ abrufbar.

Impressum:

Copyright © 2009 GRIN Verlag, Open Publishing GmbH
Druck und Bindung: Books on Demand GmbH, Norderstedt Germany
ISBN: 9783640628476

Franz Maximilian Hummel

Beispiel Wassermanagement - Der Aralsee

GRIN Verlag

LUDWIG MAXIMILIANS UNIVERSITÄT MÜNCHEN

Der Aralsee

Hauptseminar Nachhaltiges Wassermanagement

Verfasser: Franz Hummel

Inhaltsverzeichnis

Abbildungsverzeichnis:

Tabellenverzeichnis:

<u>Einleitung:</u>

Der Aralsee war 1960 mit einer Ausdehnung von 66.000 km² der viertgrößte See auf der Er-
de. Bewässerungsprojekte, die mit der Entnahme von Wasser aus den Zuflüssen des Sees bewerkstelligt wurden, stellten einen großen Eingriff in seinen Wasserhaushalt dar. Dies ließ
den Aralsee zwischen 1960 und 2007 auf etwa ein Viertel seiner einstigen Fläche zurückge-
hen. Der Salzgehalt im See erhöhte sich um das Vierfache (Mauser, 2007).

Das Ökosystem Aralsee, dass sich einst als Erholungsgebiet Zentralasiens mit seiner Vielzahl
an Feuchtbiotopen, Tierarten und reichen Fischbeständen auszeichnete, wurde dadurch immer
mehr zerstört. Zudem brachten Rückkopplungseffekte, die sich aufgrund der Veränderungen
des Sees und der intensiven großflächigen Bewässerung einstellten, weitere Probleme mit sich
(Grambow, 2007; Mauser, 2007).

Im Rahmen dieser Hauptseminararbeit wird die Wirkungskette aufzeigt, die zu den oben beschriebenen Problemen in der Aralseeregion geführt haben.

Ausgehend von den natürlichen Gegebenheiten des Aralseebeckens (Aral Sea Basin ASB),
wird im Folgenden auf die Nutzung dieses Großraums durch die dort lebenden Menschen,
sowie auf die Folgen für den Aralsee und die Region eingegangen.

Am Ende zeigt diese Arbeit Handlungsmöglichkeiten auf, wie man im Sinne eines nachhalti-
gen Wassermanagements den Problemen im ASB begegnen könnte.

1. Der Naturraum des Aralseebeckens

Dieses Kapitel befasst sich mit den naturräumlichen Gegebenheiten der Aralseeregion. Dabei wird die geographische Lage der Region, deren Ausdehnung und Grenzen, das Relief, sowie das vorherrschende Klima, die Böden und die Vegetation beschrieben. Abschließend werden die Wasserressourcen und der Aralsee behandelt.

1.1 Lage und Grenzen

Die Aralseeregion liegt im Herzen von Eurasien. Sie setzt sich aus dem gesamten Staatsgebiet von Tadschikistan und Usbekistan, einem Großteil von Turkmenistan, drei Provinzen von Kirgisistan (Osh, Jalalabad und Naryn), sowie dem südlichen Teil von Kasachstan (Provinzen Kyzil-Orda und Süd Kazakh), als auch den nördlichen Gebieten des Iran und Afghanistan zusammen. Das ASB erstreckt sich von 55°00´ bis 78°20´ östlicher Länge und 33°45´ bis 51°45´ nördlicher Breite und hat eine Fläche von 2,7 Millionen km², von denen 2,4 Millionen km² innerhalb der Grenzen fünf ehemaliger Staaten der UdSSR liegen (UNEP, 2005). Das Aralseebecken überschneidet sich damit auch fast gänzlich mit der Fläche Zentralasiens (CAWATERinfo – Location, Geomorphology, Landscape). Die Bundesrepublik Deutschland hat zum Vergleich eine Fläche von etwa 357.000 km² (Statistisches Bundesamt Deutschland).

1.2 Relief

Das Relief im ASB besteht aus Flachland und Gebirgen. Flachlandgebiete sind das Kazakh Tafelland und das turanische Tiefland. Ersteres befindet sich im nördlichen Teil der Ebene und ist ein hügeliges, zum Teil mit kleineren Bergen versehenes, Gebiet mit Höhen zwischen 200-500 m. Das turanische Tiefland ist im turanischen Plateau gelegen und erstreckt sich über die südlichen Gebiete der Ebene mit Höhen von 43 m unterhalb Normalnull (NN) in der Sary-Kamysch Senke bis etwa 200 m überhalb NN. Innerhalb des Flachlands gibt es weitere Wüsten. Zu nennen sind hier die Karakum-, Kyzilkum- und die Muyunkumwüste, die durch Dünen aus Quarzsand charakterisiert sind. Im Süden der Region erstreckt sich noch das höher gelegene Plateau Usturt. An das turanische Tiefland grenzt das Hügelland der Kopet-Dag-Berge und Parapamize in Turkmenistan.

Im Südwesten befindet sich ein Gebiet, dass teils aus Hügelland, teils aus hohen Bergen des Pamirs, Pamiro-Alai und Tien Shan besteht und mehr als 800 Gebirgsgletscher enthält (UNEP, 2005). Kirgisistan und Tadschikistan sind zu 90 % mit Bergen bedeckt, was beiden Länder zwar ein Monopol auf die Wasseransammlungen innerhalb des ASB verleiht, aber auf der anderen Seite wenig landwirtschaftlich nutzbares Land übrig lässt. In Kasachstan, Turkmenistan und Usbekistan dagegen sind mehr als 50 % der Fläche von Wüsten bedeckt und weniger als 10 % machen Gebirge aus (CAWATERinfo – Location, Geomorphology, Landscape). Es gibt im Aralseebecken sehr hohe Berge. Der Höchste ist mit 7495 m sogar sehr hoch und befindet sich im nördlichen Bereich des Pamir-Gebirges in Tadschikistan (FAO, Aquastat – Geography, Climate, Population – Central Asia).

1.3 Klima

Die Region Zentralasien ist durch seine geographische Einordnung aus Abschnitt 1.1 einem kontinentalen Trockenklima zuzuordnen. Solche Gebiete liegen in einer Breitenlage von 35° und 55° N und werden meist durch eine Lage im Regenschatten von Gebirgen, die Niederschlage aus Richtung der Meere abhalten, gekennzeichnet. Generell lassen sich hohe Schwankungen im Jahresgang der Temperatur feststellen. So bestimmen im Winter vorwiegend kontinentale polare Luftmassen und im Sommer lokal entstandene trockene kontinentale Luftmassen das Klima (Strahler A., Strahler A., 2005).

Es herrschen zudem durchschnittlich geringe und unregelmäßige Niederschläge, große Unterschiede zwischen den Temperaturen innerhalb eines Tages und auch zwischen den Jahreszeiten, hohe solare Einstrahlung und eine niedrige relative Luftfeuchtigkeit (CAWATERinfo – Climate).

Abbildung 1 zeigt die durchschnittlichen Lufttemperaturen im ASB für die Monate Januar und Juli.

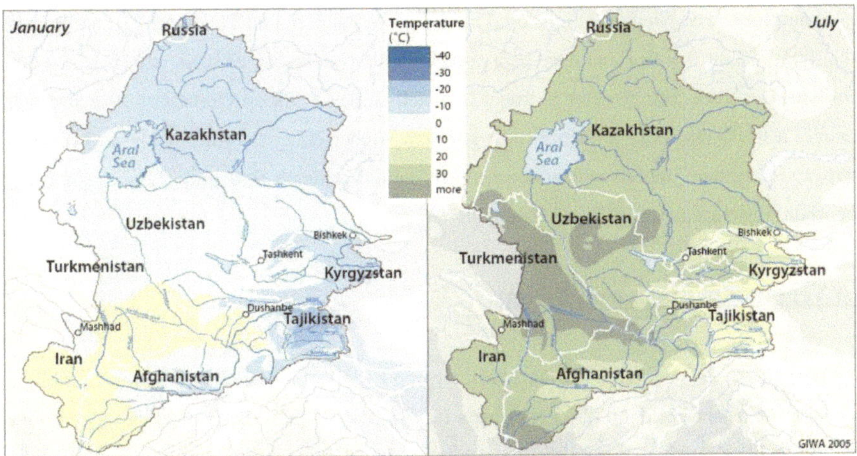

Abbildung 1: Durchschnittliche Lufttemperatur im Januar und Juli (UNEP, 2005, S. 19).

Die durchschnittliche Julitemperatur liegt im gesamten Tiefland bei etwa +30 °C. In den höheren Lagen kühlt sich die Luft ab, ist mit etwa +10 °C in den Hochlagen aber immer noch recht warm. Besonders heiße Gebiete sind die Steppen und Wüsten. Die durchschnittlichen Januartemperaturen reichen im Tiefland von -10 °C im Norden bis +10 °C im Süden. Die kältesten Regionen sind die hohen Gebirgszüge, wo die Temperaturen auf -30 °C und tiefer fallen. Im Tiefland gibt es Temperaturunterschiede zwischen Januar und Juli von etwa 50 °C. Dieser Effekt mildert sich von Norden nach Süden etwas ab. Im Iran sind die Unterschiede weitaus geringer und liegen nur noch bei etwa 20 °C über das Jahr. Im Gebirge ändert sich die Temperatur, je nach Höhenlage, um etwa 30 °C im Jahr (siehe Abbildung 1).

Bei der Betrachtung des Niederschlages lassen sich ebenfalls große Unterschiede in der jährlichen Niederschlagssumme und deren Verteilung aufzeigen. Das Aralseebecken wird zwar häufig von feuchten Winden überquert, doch der Großteil wird an den sehr hohen Bergen im Süden und Südosten abgefangen, was dort zu ergiebigen Niederschlägen von jährlich 1.500-2.500 mm führt. Die Niederschläge betragen in den Tiefländern und Tälern hingegen nur circa 100-200 mm/Jahr. Im Vorland der Gebirge steigen die Niederschläge dann auf etwa 200-600 mm/Jahr. Der trockenste Bereich befindet sich südlich des Aralsees. Dort fallen über das Jahr weniger als 100 mm oder teilweise auch gar kein Niederschlag (UNEP, 2005). In München beträgt die mittlere Jahresniederschlagssumme zum Vergleich 950 mm (Landeshauptstadt München, Referat für Umwelt und Gesundheit).

1.4 Vegetationszonen und Böden

Aus Abschnitt 1.3 lassen sich für die Aralseeregion kalte Winter und heiße Sommer ableiten, bei ganzjährig sehr geringen Niederschlägen im Flachland. Unter diesen Bedingungen bilden sich sogenannte Aridisole aus. Diesen Bodentyp findet man in Halbwüsten- und Wüsten-Subtypen der trockenen tropischen, subtropischen und Mittelbreitenklimate. Extrem seltene Regenfälle oder leichter Regen, der teilweise noch von der spärlichen Vegetation abgefangen wird, dringen oft nicht in den Boden ein. So enthalten diese Böden während der meisten Zeit, in der Pflanzenwachstum aufgrund der Temperaturen möglich wäre, kein bzw. zu wenig Bodenwasser, was einen fast ständigen Bodenwassermangel für die dortige Vegetation erzeugt. Dies führt dazu, dass sich nur Pflanzen ansiedeln können, die sich an längere Trockenperioden angepasst haben. Unter Bewässerungsbedingungen kann jedoch eine Vielzahl von Ackerpflanzen angebaut werden, die hohe Erträge liefern können (Strahler A., Strahler A., 2005).

Die Aralseeregion ist weitgehend von Wüsten und Halbwüsten geprägt. Der Norden zeichnet sich dabei durch Halbwüsten und Steppen aus, wohingegen der südliche Bereich bereits großteils eine Vollwüste darstellt. Es gibt jedoch auch Schwemmlandgebiete, die örtlich in Flusstälern, besonders aber in den breiten Flussdeltas des Syrdarya und Amudarya vorkommen. Dort befinden sich auch die sogenannten Tugays. Das sind bewaldete Gebiete, die zumindest periodisch überschwemmt werden. Die daraus resultierenden ergiebigen Einträge von Feuchtigkeit und wertvoller Sedimentfracht, lassen üppige Wälder und Feuchtbiotope auf diesen Flächen gedeihen (UNEP, 2005).

1.5 Die Wasserressourcen

Die Wasserressourcen des ASB bestehen aus sich erneuernden Oberflächenabflüssen und Vorkommen von Grundwasser. Die Aralseeregion beinhaltet zwei große Flusseinzugsgebiete (CAWATERINFO – Formation of the surface flow).

Zum einen ist der Syrdarya zu nennen. Er ist der mit 3.019 km längste Fluss Zentralasiens und spielt für die Bereitstellung von Wasser im ASB nach dem Amudarya die wichtigste Rolle. Sein Einzugsgebiet beträgt 219.000 km². Der Ursprung liegt im zentralen Tien Shan Gebirge. Den Namen Syrdarya trägt der Fluss, nachdem sich die Teilflüsse Naryn und der Karadarya vereinigt haben. Der Fluss wird von Gletscher- und Schneeschmelzwasser gespeist, wovon Letztere einen höheren Beitrag liefern. Der Abfluss setzt im April ein und führt große Mengen Wasser vom Frühling bis in den Sommer. Der größte Abfluss entfällt auf den Juni. Etwa 75 % des Abflusses stammen aus Kirgisistan. Von da aus fließt das Wasser über Usbekistan und Tadschikistan in den nordöstlichen Teil des Aralsees, der in Kasachstan liegt. Etwa 15,2 % des Wasserflusses kommen aus Usbekistan, 6,9 % aus Kasachstan und 2,7 % aus Tadschikistan (CAWATERinfo – Formation of the surface flow).

Der zweite Fluss ist der Amudarya. Er ist der am Abfluss gemessen größte Fluss in Zentralasien und hat eine Länge von 2.540 km. Sein Einzugsgebiet beträgt 309.000 km². Er trägt seinen Namen, nachdem sich die Flüsse Pyandzh und Vaksh, die im Pamir Gebirge entspringen, vereinen. Im Mittellauf erhält der Amudarya drei große Zuflüsse auf seiner rechten Seite durch die Flüsse Kafirnigan, Surhandarya und Sherabad. Auf seiner linken Seite mündet der Kunduz in ihn. Flussabwärts erhält der Fluss dann keine weiteren Zuflüsse mehr. Er wird zum größten Teil von Schmelzwasserströmen gespeist, die im Sommer am stärksten und zwischen Januar und Februar am schwächsten ausgeprägt sind. Zwischen Kerky und Nukus durchquert der Amudarya eine weite Ebene und verliert einen Großteil seines Wassers durch Verdunstung und Versickerung. Der Amudarya transportiert die meiste Sedimentfracht aller zentralasiatischen Flüsse und zählt auch weltweit damit zu den Größten. Den Großteil seines Wassers, etwa 74 %, bezieht der Fluss aus Tadschikistan. Von da aus fließt er die Grenze zwischen Afghanistan und Usbekistan entlang und mündet dann in den südlich gelegenen Teil des Aralsees. Etwa 13,9 % seines Wassers stammen aus Afghanistan und dem Iran, sowie 8,5 % aus Usbekistan (CAWATERinfo – Formation of the surface flow).

Der durchschnittliche Wasserfluss im Aralseebecken wird auf etwa 116 km³/Jahr geschätzt, wovon etwa 79,4 km³/Jahr auf das Einzugsgebiet des Amudarya und 36,6 km³/Jahr auf das des Syrdarya entfallen. Je nachdem, ob es sich um feuchte oder trockene Jahre handelt, variiert die Wassermenge des Amudarya um 58,6-109,9 km³, die des Syrdarya liegt bei 23,6-51,1 km³ (CAWATERinfo – Formation of the surface flow). Der Bodensee hat zum Vergleich ein Wasservolumen von 48 km³ (Statistisches Landesamt Baden Württemberg).

Es ergeben sich somit große Schwankungen in der Wasserverfügbarkeit, was sich sowohl darauf auswirkt, wieviel Wasser jährlich dem Aralsee zukommt, als auch darauf, wieviel von den Menschen genutzt werden kann.

1.6 Der Aralsee

Der Aralsee ist ein End- oder auch Binnensee. Diese sind ökologisch sehr empfindlich Gebilde, die keine Verbindung zum Meer aufweisen. Sämtliche Verschmutzungen, die in den See eingebracht werden, sammeln sich in ihm an. Das Wasservolumen im See bleibt zwar durch Zuflüsse und Verdunstung in etwa konstant, jedoch bleiben die Verunreinigungen zurück, deren Konzentration mit neuen Einträgen aus den Zuflüssen schließlich ständig erhöht wird (Mauser, 2007). Vor 1960 war der Wasserstand des Aralsees relativ stabil. An seiner tiefsten Stelle hatte der See 69 m, aber große Teile des Sees wiesen Tiefen von nur 30 m und weniger auf. Die durchschnittliche Tiefe schwankte zwischen 52-53 m. Die Fläche des Aralsees betrug damals 68.200 km², wovon etwa 66.000 km² mit Wasser bedeckt waren und die restliche Fläche innerhalb des Sees in Form von Inseln gelegen war (UNEP, 2005). Der See hatte ein Wasservolumen von etwa 1.060 km³. Der Zustrom durch den Amudarya und Syrdarya betrug 47-50 km³/Jahr. Dazu kam noch ein Grundwasserzufluss von 5-6 km³/Jahr, sowie 5,5-6,5 km³/Jahr an Niederschlägen über dem See. Diese Summe von 57,5-62,5 km³/Jahr glich in etwa die Verdunstung über dem See aus. Der Wasserstand konnte aber, wie in Abschnitt 1.5 erwähnt, immer wieder schwanken, wenn aufgrund erhöhter Temperaturen oder geringerer Niederschläger weniger Wasser den Aralsee erreichte und gleichzeitig viel verdunstete. Die Differenz aus der Menge der sich jährlich erneuernden Oberflächenabflüsse und dem nötigen Zustrom aus dem Amudarya und Syrdarya in den Aralsee, der benötigt wurde, um den Wasserstand des Sees zu halten, stand für andere Nutzungsmöglichkeiten im ASB, etwa für Bewässerungszwecke, zur Verfügung (FAO, Aquastat – Water ressources of the Aral Sea basin).

Der Einflussbereich des Aralsees grenzte sich von seinem trockenen Umland durch eine ausgeprägte Fruchtbarkeit ab. Dort gab es die in Abschnitt 1.4 beschriebenen Tugay-Wälder in
den Mündungsgebieten der beiden Zuflüsse, zahlreiche Feuchtbiotope und einen großen
Fischreichtum. Die Menschen konnten durch das dort vorkommende Wasser Ackerbau betreiben und die Gegend war zu Zeiten der ehemaligen Sowjetunion ein beliebtes Erholungsgebiet (Grambow, 2007).

2. Der Mensch im Aralseebecken

Abschnitt 1 ging auf die naturräumliche Ausstattung der Aralseeregion ein. Abschnitt 2 be-
leuchtet im Folgenden den Einfluss des Menschen, den er aufgrund seiner Nutzung des Lan-
des auf die Funktionalität des Ökosystems Aralsee ausübte. Dabei wird das Ausmaß der
Landnutzung, deren Folgen und die Reaktion der Menschen vor Ort darauf beschrieben.

2.1 Landnutzung

In Zentralasien war die Landwirtschaft schon immer der Sektor, in dem der Großteil der länd-
lichen Bevölkerung gearbeitet hat. Heute haben etwa noch 60 % ihren Arbeitsplatz in der
Landwirtschaft. Das Wohlergehen der sehr landwirtschaftlich geprägten Region Zentralasien
war seit jeher eng mit der Landnutzung verknüpft. Bestellbarkeit und Fruchtbarkeit der Böden
waren dafür sehr entscheidende Faktoren. (CAWATERinfo – Lands).

In Abschnitt 1 wurde eine ungleiche Verteilung von Wasser und Land aufgrund der natur-
räumlichen Ausstattung der einzelnen Länder und Regionen im ASB festgestellt. So gibt es in
den Gebirgsregionen viel Wasser, aber keine Ackerflächen, und im Tiefland gibt es kaum
Wasser, aber große Flächen, auf denen Landwirtschaft möglich wäre, sofern man bewässert.
Kasachstan und Turkmenistan haben eher gut nutzbares Land zur Verfügung, die anderen
Länder sind damit eher spärlich ausgestattet (CAWATERinfo – Lands).

Zu Zeiten der Sowjetunion wollte man nun in den Tieflandstaaten neue landwirtschaftliche Flächen durch Bewässerung erschließen. So wurde etwa im Zuge des 5-Jahres-Planes 1918 bereits beschlossen, das Wasser des Amudarya und Syrdarya umzuleiten, um die Wüsten damit zu bewässern. Dort sollte in großem Umfang dann Reis, Getreide, Melonen und vor allem Baumwolle angebaut werden (Mauser, 2007).

Tabelle 1 zeigt die Fläche der fünf größten Staaten innerhalb des ASB. Zudem werden die potentiell nutzbaren und die momentan bewirtschafteten Ackerflächen, sowie die bewässerten Flächen in ha angegeben. Dabei fällt auf, dass von der gesamten zur Verfügung stehenden Fläche von 154,9 Millionen ha nur etwa 59,5 Millionen ha potentiell als Ackerland genutzt werden könnten. Von dieser Fläche werden derzeit nur etwa 10 Millionen ha landwirtschaftlich genutzt. Ein Großteil, knapp 79 %, dieser Fläche wird bewässert (siehe Tabelle 1).

Tabelle 1: Landressourcen des ASB (nach UNEP, 2005).

Land	Gesamte Fläche (ha)	Potentielles Ackerland (ha)	Ackerland (ha)	Bewässerte Fläche (ha)
Kasachstan*	34.440.000	23.872.400	1.658.800	786.200
Kirgisistan*	12.490.000	1.570.000	595.000	422.000
Tadschikistan	14.310.000	1.571.000**	874.000	719.000
Turkmenistan	48.810.000	7.013.000	1.805.300	1.735.000
Usbekistan	44.884.000	25.447.700	5.207.800	4.233.400
Aralseebecken gesamt	154.934.000	59.474.100	10.140.900	7.895.600
Anmerkungen:				
*Nur Gebiete, die sich innerhalb des Aralseebeckens befinden, werden gezählt				
**Gebiete, die sich mit Bewässerung als Ackerland eignen würden				

Im ASB gibt es mehrere Ungunstfaktoren für die Landwirtschaft. Während der Wintermonate ist es im ASB sehr kalt, in der Warmzeit dagegen ist es sehr heiß, die solare Einstrahlung ist hoch und es gibt kaum Niederschläge (siehe Abschnitt 1.3 Klima).

Zudem macht das instabile Wetter im Frühling der Landwirtschaft zu schaffen. In dieser Zeit kommt es zu größeren Schwankungen von Temperaturen und Niederschlag, was späte Frostereignisse bis in den Mai und Hagel bis in den Juni ermöglicht. Beides zerstört immer wieder großflächig bereits wachsende Baumwollpflanzen, sowie Gemüse und sonstige Feldfrüchte. Dadurch kommt es zu Einbußen in der Ernte (CAWATERinfo – Climate).

2.2 Der Rückgang des Aralsees

Nachdem wie bereits erwähnt seit 1918 eine großflächige Bewässerung der Wüste mit dem Wasser aus dem Amudarya und Syrdarya geplant wurde, baute man ab 1930 viele weitere Bewässerungskanäle, die neue Flächen erschlossen. Dies hatte zur Folge, dass auch immer mehr Wasser benötigt wurde, um diese Flächen zu bewässern (Mauser, 2007).

Die Bewässerungslandwirtschaft in Zentralasien basierte auf einem weit reichenden System von Bewässerungs- und Kanalanlagen (CAWATERinfo – Irrigated Lands). Dafür wurden auch viele Rückhaltebecken gebaut (CAWATERinfo – Dams and Hydropower). Das gestaute Wasser wurde mithilfe von großen Pumpstationen in Kanäle weitergeleitet, von wo aus es schließlich auf die Felder gelangte (CAWATERinfo – Irrigated Lands).

Ebenso wurden viele Wasserkraftwerke in diesem Zusammenhang geschaffen. In Tadschikistan kann der Strombedarf dadurch zu 98 % mit Wasserkraft gedeckt werden. In Kirgisistan sind es immerhin noch 75 %. Das gesamte ASB kann bis zu 71 % seines Energieverbrauchs aus der Wasserkraft beziehen (CAWATERinfo – Dams and Hydropower).

Die meisten Kanäle sind nicht besonders gut gebaut. Sie sind undicht und verlaufen auf ihrem gesamten Weg vom Fluss bis zu den Feldern in einer offenen Bauweise. Dies erzeugt zum einen hohe Verluste durch Wasser, dass aus den Kanälen in den Boden versickert, zum anderen verdunstet sehr viel Wasser, bevor es auf die Felder gelangen kann. Am größten Kanal Zentralasiens, dem Qaraqum, gingen so 30-70 % des Wassers ungenutzt verloren. In Usbekistan sind fast 90 % der Kanalanlagen undicht (Mauser, 2007).

Abbildung 2 verdeutlicht recht anschaulich, wie sich die Bewässerungsprojekte auf den Zufluss und die Fläche des Aralsees ausgewirkt haben.

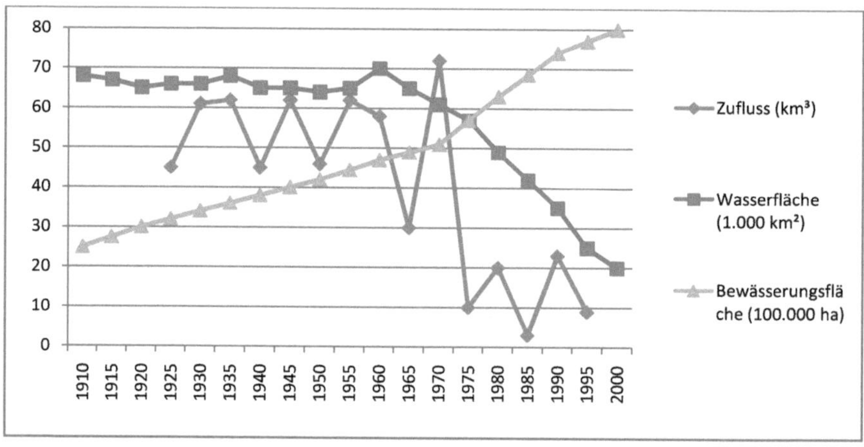

Abbildung 2: Entwicklung des Zuflusses und der Wasserfläche des Aralsees, sowie der Bewässerungsfläche von 1910 bis heute (nach Gebhardt et al., 2007, S. 1004).

Die bewässerte Fläche lag um 1910 bei etwa 2,5 Millionen ha (siehe Abbildung 2). Dies entspricht einer Fläche von 25.000 km², oder etwa die 1,5-fache Größe des Regierungsbezirkes Oberbayern mit 17.530 km² (Bayerisches Landesamt für Statistik und Datenverarbeitung). Diese Fläche wurde stetig erweitert und nahm bis zum Jahr 1990 auf 7,4 Millionen ha zu, was etwa eine Verdreifachung der bewässerten Flächen bedeutete (siehe Abbildung 2). Der gesamte Freistaat Bayern hat zum Vergleich eine Fläche von 7,055 Millionen ha (Bayerisches Landesamt für Statistik und Datenverarbeitung). Die Kurve der bewässerten Fläche stieg bis zum Jahr 2000 immer weiter an (siehe Abbildung 2).

In Abbildung 2 sieht man zudem, dass die Zuflüsse in den Aralsee zwischen 1930 und 1960 zwischen 45-65 km³ lagen. Mit der anhaltenden Ausweitung der Bewässerungsflächen über 1960 hinaus, nahm der Zufluss in den Aralsee bedeutend ab, da immer mehr Wasser auf die Felder umgeleitet wurde. Er betrug zwischen 1970 und 2000 nur noch maximal 20 km³/Jahr, meist lag er sogar darunter. Bis 1960 waren die Zuflüsse noch in etwa so groß, dass sie die Verdunstung aus dem See kompensieren konnten. So unterlag die Wasserfläche nur geringen Schwankungen in diesem Zeitraum (siehe Abbildung 2, S. 14). Der stark anwachsende Wasserbedarf führte in der Folgezeit zu einem sehr großen Wasserbilanzdefizit. Der See trocknete dadurch sehr schnell aus (Grambow, 2007). Abbildung 3 zeigt die Abnahme der Seefläche des Aralsees für ausgewählte Jahre von 1957 bis 2001. Hatte der Aralsee 1957 noch eine Fläche von 66.000 km², nahm diese im Lauf der Jahre stetig ab und lag im Jahr 2007 bei nur noch etwa 17.000 km² (Mauser, 2007).

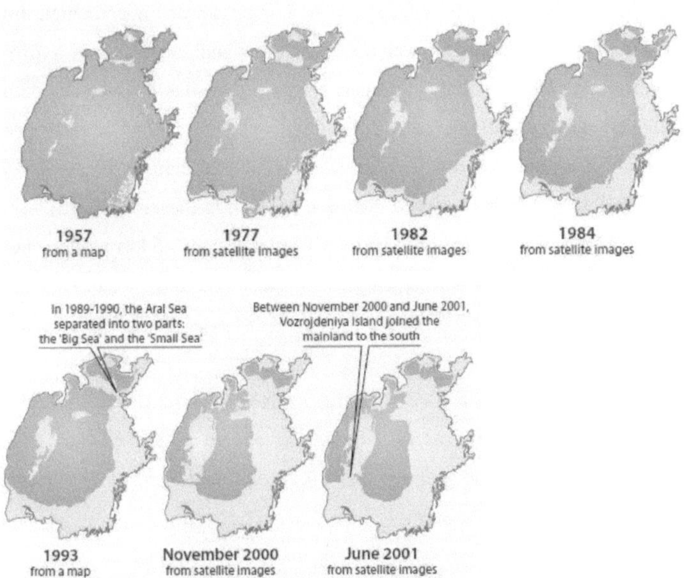

Abbildung 3: Veränderung der Oberfläche des Aralsees (nach UNEP, 2002).

Im Bild von 1977 kündigte sich bereits eine Abtrennung des nördlichen Bereichs vom Rest des Aralsees an. Zwischen 1989 und 1990 spaltete sich dieser Teil schließlich ab (siehe Abbildung 3, S. 15), sodass es seit dieser Zeit einen kleinen nördlichen und einen großen südlichen Aralsee gab. Die Sowjetregierung reagierte darauf mit dem Bau eines Kanals, der wieder beide Teile des Sees miteinander verbinden und einen Wasseraustausch ermöglichen sollte. Mit der weiteren Absenkung des Wasserspielgels scheiterte dieses Unterfangen 1999 jedoch (Mauser, 2007).

Zwischen November 2000 und Juni 2001 entstand mit weiterem Rückgang des Wasserstandes eine Verbindung zwischen der Insel im Inneren des großen Aralsees und dem Umland im Süden. Dies ist in den letzten zwei Aufnahmen erkennbar und kündigte auch immer mehr eine Aufteilung des südlichen Aralsees in einen westlichen und östlichen Teil an (siehe Abbildung 3, S. 15).

In der Folgezeit wurden viele Anstrengungen unternommen. Kanäle wurden abgedichtet, um Wasser zu sparen und man baute ein Damm, um den nördlichen und südlichen Aralsee hydrologisch voneinander zu trennen. Damit sollte verhindert werden, dass das Wasser aus dem nördlichen in den südlichen Bereich abfließt, sobald der Pegel wieder ansteigt und der See sich ausdehnt. Mit diesen Maßnahmen konnte der nördliche Aralsee von einem Wasserstand von einst 30 m wieder auf 38 m angehoben werden. Der See hat sich in dieser Zeit auch wieder ausgedehnt. So ist das Ufer des Sees von einst 100 km wieder bis auf 25 km an den ehemaligen Hafen Aralsk herangerückt. Experten geben dem See eine Zukunft, wenn sich der Pegel bei etwa 42 m einstellt (Mauser, 2007).

Der nördliche Aralsees liegt in Kasachstan. Der südliche Aralsee liegt in Usbekistan. Die Schäden im südlichen Teil sind größer als jene im Nördlichen, zudem ist Usbekistan ärmer und es wurden dort vom Staat zuerst keine groß angelegten Hilfsprojekte gestartet (Mauser, 2007).

2.3 Die zunehmende Salinität im Aralsee

Die Abzweigung von Wasser aus den einzigen beiden Zuflüssen des Aralsees hatte sowohl Folgen auf das Wasservolumen, als auch auf den Wasserstand des Sees (siehe Abschnitt 2.2).

Da sich nun weniger Wasser im See befand, erhöhte sich der Salzgehalt pro Liter Wasser und damit die sogenannte Salinität, da das Salz im See verblieb. Abbildung 4 zeigt, ähnlich wie Abbildung 2, die Veränderung bestimmter Faktoren im Aralsee. So wird ebenfalls die Veränderung des Wasservolumens aufgezeigt.

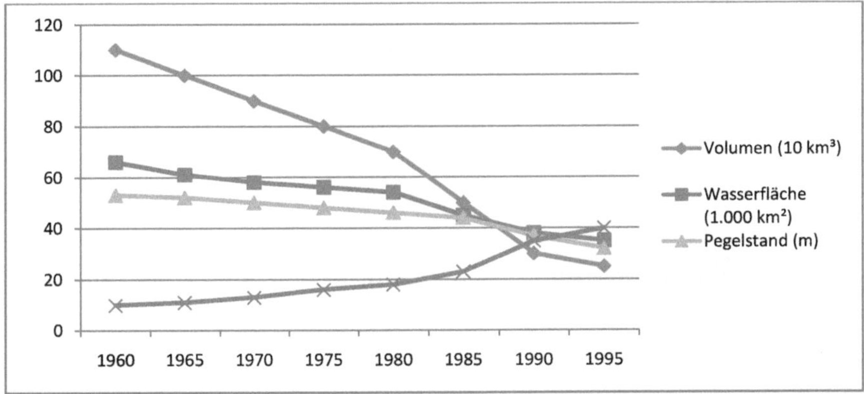

Abbildung 4: Veränderung des Volumens, der Oberfläche, des Pegelstandes und des Mineralgehaltes des Aralsees zwischen 1960 und 1995 (nach FAO, Aquastat - The Aral Sea basin - Irrigation development in the basin and the drying up of the Aral Sea).

Zusätzlich sind in Abbildung 4 die Abnahme der Seefläche, des Pegelstandes und die Zunahme der Salinität im Zeitraum von 1960 bis 1995 enthalten. So sieht man, dass das Wasservolumen 1960 noch etwa 1.100 km³ beträgt. In der Folge nimmt es relativ gleichmäßig um etwa 20 km³/Jahr ab und hat 1980 noch einen Stand von 700 km³. Im selben Zeitraum nimmt der Wasserstand um etwa 10 m und die Fläche des Sees um etwa 10.000 km² ab. Der Salzgehalt verdoppelt sich in dieser Zeit von 10 g Salz/Liter auf knapp 20 g Salz/Liter (siehe Abbildung 4).

Ab 1980 waren die Zuflüsse bereits sehr stark gedrosselt worden (siehe Abbildung 2, S. 14). Demzufolge nahmen sowohl das Wasservolumen, die Seefläche und der Pegel des Aralsees stark ab. 1995 war das Wasservolumen auf etwa 250 km³ geschrumpft. Dies ist weniger als ein Viertel des Wertes von 1960. Die Seefläche hatte sich in dieser Zeit von einst 66.000 km² etwa halbiert und der Wasserstand war um knapp 20 m gefallen. Der Salzgehalt stieg auf 40 g Salz/Liter (siehe Abbildung 4, S. 17). Im Jahr 2007 betrug die Seefläche sogar nur noch 17.000 km² (Mauser, 2007).

Es gab noch einen weiteren Faktor, der für einen erhöhten Eintrag von Salzen in den Aralsee sorgte. Das auf die Felder zur Bewässerung aufgebrachte Wasser versickerte nur zu einem Teil. Der andere Teil wurde über Ableitungskanäle wieder in die Flüsse zurückgeleitet. Mit dieser Rückleitung von Wasser wollte man den dramatischen Rückgang der Seefläche kompensieren. Dieses Wasser löste jedoch Salze und andere Agrochemikalien, die sich auf den Feldern befanden und transportierte diese zusätzlich in den See (Grambow, 2007).

Bei allen Flüssen im Aralseebecken lässt sich langfristig eine Zunahme des Salzgehaltes und somit der Salinität beobachten. Neben Salzen befinden sich auch viele Schadstoffe in den Flüssen, die von Industriebetrieben eingeleitet werden. Vereinzelt haben Messungen massive Verschmutzungen festgestellt. Bei Kyzylzhar ergaben Wasserproben des Amudarya Schadstoffbelastungen durch Schwermetalle und andere Stoffe, die die jeweiligen Grenzwerte um das 20-30fache überstiegen. Das Wasser wird dort als gefährlich eingestuft (UNEP, 2005).

2.4 Rückkopplungseffekte

Bis zu diesem Punkt waren die Auswirkungen der Bewässerungsprojekte im Aralseebecken noch einigermaßen von den politischen Entscheidungsträgern vorhergesehen worden. Wasserbauingenieure und Umweltplaner hatten eigentlich schon früher mit dem Verschwinden des Sees gerechnet und haben dies auch nicht als besonders schlimm empfunden (Mauser, 2007). Es ergaben sich nun aber vermehrt Rückkopplungseffekte, die die ökologischen Probleme zunehmend verstärkten und auch für den Mensch immer mehr zum Verhängnis wurden. Diese werden im Folgenden dargelegt.

Der Fischfang und die daran angegliederten verarbeitenden Industrien gaben vielen Menschen der örtlichen Bevölkerung Arbeit (FAO, Aquastat – Water ressources of the Aral Sea basin). Der zunehmende Salzgehalt im Aralsee wurde mehr und mehr ein Problem für die darin lebenden Fische, was zu einem allmählichen Sterben des Großteils des Fischbestandes führte. Wurden in den frühen 1960er Jahren noch 46.000 t Fisch gefangen, waren es in den 1970ern nur noch 10.000 t und in den 1980ern lediglich 1000 t (UNEP, 2005).

Der dramatische Rückzug des Aralsees schränkte die Schifffahrt auf dem See zudem immer stärker ein. Dadurch lagen nun auch die Häfen viele Kilometer vom Seeufer entfernt. Der Hafen Aralsk, der am nördlichen Teil des Aralsees gelegen ist, lag zu Zeiten des größten Rückzugs 100 km vom Ufer des Sees entfernt (Mauser, 2007). Den Fischern und den damit verknüpften Industriezweigen brach dadurch mehr und mehr ihre Existenzgrundlage weg. Eine erhöhte Arbeitslosigkeit und mehr Nahrungsmittelstress für die Region waren die Folge. Dies führte auch zu einer vermehrten Abwanderung aus der Region. Die Verknappung des Nahrungsmittelangebotes erhöhte zudem den Druck auf die Landwirtschaft, die Menschen der Region zu ernähren (UNEP, 2008).

Der Rückgang des Sees zerstörte viel an natürlicher Vegetation am Rande des Aralsees, die sich besonders in die Deltas des Amudarya und Syrdarya angesiedelt hatte (Grambow, 2007). Die biologische Vielfalt wurde stark vermindert, viele Wasserpflanzen, Feuchtbiotope, Gräser und Sträucher verschwanden. Dies betraf auch eine Vielzahl von dort lebenden Tierarten (Strahler A., Strahler A., 2005). Die Vegetationsänderung und die verminderte Seefläche beeinflussten wiederum nach und nach erst das lokale, später das regionale Wettergeschehen. So nahmen Stürme zu und Niederschläge ab (Grambow, 2007). Generell wurde das Klima wärmer und es gab größere jahreszeitliche Temperaturunterschiede. Die Wachstumsperioden verkürzten sich (Strahler A., Strahler A., 2005).

Der hohe Salzgehalt des Aralsees bewirkte, dass sich neu eingespeistes Süßwasser nicht mehr mit dem schwereren Salzwasser vermischte. Das an der Oberfläche bleibende Süßwasser erwärmte sich unter hoher solarer Einstrahlung in den heißen Monaten somit sehr viel stärker, als dies früher möglich gewesen wäre. Dies erhöhte die Verdunstung und beschleunigte das Verschwinden des Sees (Mauser, 2007).

Das im Wasser natürlich vorkommende Salz blieb bei der Verdunstung des Bewässerungswassers auf den Feldern zurück und sammelte sich dort über die Zeit an. Ab einem bestimmten Grad wirkte sich dies schädlich auf die Pflanzen des Feldes aus, sodass man darauf mit Spülen der Felder reagieren musste. Dabei wurden große Mengen Wasser auf die Felder geleitet, um das Salz abzutransportieren. Dieses Salz gelangte auf diesem Weg zurück in die Flüsse und den See. Zudem versickerte auch ein Teil des stark salzigen Wassers. Dieses Wasser erhöhte mit der Zeit den Grundwasserspiegel. Dies konnte teilweise zu einer ausgeprägten Vernässung des Bodens auf den Feldern führen, was den Pflanzen zusätzlich zu dem hohen Salzgehalt des Wassers schadete (Strahler A., Strahler A., 2005). An Orten an denen keine Staunässe vorkam, starben Pflanzen auch dann, sobald ihre Wurzeln in das stark Salz haltige Grundwasser vorstießen (Grambow, 2007).

Ausgetrocknete Gebiete, die einst Teil des Aralsees waren, wurden beim Rückzug des Sees freigelegt. Diese Flächen waren mit salzigen Krusten bedeckt, dass das Wasser beim Verdunsten zurückgelassen hatte. Dieses Salz wurde in regelmäßigen Abständen mit Sandstürmen mehrere hundert Kilometer weit verstreut und landete auch auf landwirtschaftlich genutzten Flächen, die dadurch weiter an Fruchtbarkeit einbüßten. Natriumchlorid und Natriumsulfat aus diesen Salzen waren dabei besonders giftig für die Pflanzen (Strahler A., Strahler A., 2005).

Daraus resultierende Einbrüche der landwirtschaftlichen Erträge versuchte man mit dem Einsatz großer Mengen von Düngemittel auszugleichen. Für die Baumwollmonokulturen wurden zudem große Mengen Schädlingsbekämpfungsmittel eingesetzt, um Ernteausfälle durch Insektenbefall einzudämmen. Zudem wurde Entlaubungsmittel eingesetzt, welches zur Erleichterung bei der Ernte diente. Sowohl diese Düngemittel, als auch die Schädlingsbekämpfungsmittel, kamen mit dem rückgeleiteten Bewässerungswasser von den Feldern wieder zurück in die Flüsse, was dazu führte, dass sie sich im Aralsee stark anreicherten (Grambow, 2007).

Die Trinkwasserqualität wurde immer schlechter. Es war stark versalzen. Zudem gelangen große Mengen chemischer Düngemittel, Pestizide und Entlaubungsmittel von den Feldern in das Grundwasser. Die Menschen nahmen diese Stoffe über das Trinkwasser oder über die Nahrungskette wieder auf. Dieses sind wichtige Faktoren für eine schlechte gesundheitliche Situation der Menschen (Mauser, 2007). Ein weiterer Faktor ist das Versagen der staatlichen Verwaltungsorgane bei der Aufbereitung des Trinkwassers. Etwa 8% des Trinkwassers wird überhaupt nicht behandelt und 60 % nicht desinfiziert (UNEP, 2005).

Mehr als ein Sechstel der Bevölkerung war auch nicht an das öffentliche Wasserversorgungs-netz angeschlossen, was sich zudem in keinem guten Zustand befand. Daher kam es oft zu Ausfällen in der Bereitstellung von Wasser. Viele Menschen mussten dann ihr Trinkwasser aus offenen Staubecken oder dem Bewässerungswasser beziehen (Vashneva & Peredkov, 2001).

Die Menschen litten in der Folge vermehrt an Krebs. Laut einer Studie verzeichnete Kyzil-Orda Oblast, eine Stadt in Kasachstan im Umland des Aralsees, 800 neue Fälle von Krebs pro Jahr. Vor allem Speisröhren- und Magenkrebs traten auf. Die Neuerkrankungen hingen nach-weislich mit der Verunreinigung des Trinkwassers zusammen. Unter diesen schlechten Be-dingungen hatten Kinder besonders zu leiden. Besonders in ihrem Gewebe fand man erhöhte Werte von Blei, Kadmium und Magnesium. Dies führte zu Wachstumsstörungen und Miss-bildungen. Die Kindersterblichkeit stieg allgemein stark an (Mauser, 2007).

3. Wassermanagement als ein Weg aus der Krise?

Bereits in den 1980er Jahren erkannte die damalige sowjetische Regierung viele dieser Probleme und entwickelte einen Wasserressourcenplan für die Einzugsgebiete des Amudarya und Syrdarya. 1982 wurde deshalb eine strenge Begrenzung für die Wasserentnahme pro Hektar verabschiedet. Zudem entschied man, das verfügbare Wasser unter den Anrainerstaaten fairer aufzuteilen. Diese Entscheidungen wurden vom Ministerium für Wassermanagement der Sowjetunion getroffen. Zusätzlich wurden zwei Organisationen (Basin Water Organisation BWO) gegründet, die die wichtigsten Wasserinfrastrukturen betreiben und instandhalten sollten. Diese wachten zudem über den Wasserverbrauch in den beiden Einzugsgebieten. Es gab für das Einzugsgebiet des Amudarya und des Syrdarya jeweils ein eigenes BWO (FAO, Aquastat – Measures adopted to mitigate the environmental problems).

Nach dem Niedergang der Sowjetunion strebten die nun unabhängig gewordenen Staaten im ASB nach einer regionalen Wasserressourcenmanagementstrategie, was zur Gründung der Zwischenstaatlichen Kommission für die Koordination des Wassers (Interstate Commission for Water Coordination ICWC) führte. Die ICWC überwachte die beiden BWOs und ein wissenschaftliches Informationszentrum. Es regulierte zudem die Verteilung des Wassers im ASB und unterstützte die Länder bei der Einführung regionaler Wasserstrategien. Bereits die Planungsphase dieser Wasserstrategien, sowie regionale wissenschaftliche Studien und Pilotprojekte, die einen neuen Weg im Bereich Wassermanagement gehen wollten, wurden von einer Vielzahl internationaler Organisationen unterstützt. In diesem Zusammenhang wurden auch in der Folge der Internationale Fond für den Aralsee (International Fund for the Aral Sea IFAS) und das Zwischenstaatliche Konzil für das Aralsee-Problem (Interstate Council for the Aral Sea Problem ICAS) geschaffen (FAO, Aquastat – Measures adopted to mitigate the environmental problems).

3.1 Wasserbeschaffungsmanagement (Water Supply Management)

Zuerst versuchte man die Probleme im ASB mit einer zusätzlichen Beschaffung von Wasser zu bewerkstelligen. Dazu wollte man noch zu Zeiten der Sowjetunion Wasser aus dem russischen Fluss Ob über einen 2.200 km langen Kanal in den Amudarya umleiten. Ein weiter Plan war, die Wolga, die ebenfalls in Russland liegt, umzuleiten. Diese Pläne wurden nach dem Zusammenbruch der Sowjetunion nicht weiter verfolgt. In jüngster Zeit wird allerdings daran geforscht, ob es möglich wäre, Wasser aus dem Kaspischen Meer in den Aralsee zu leiten. (FAO, Aquastat – Measures adopted to mitigate the environmental problems).

3.2 Wasserbedarfsmanagement (Water Demand Management)

Ein neuer Ansatzpunkt in regionalen und nationalen Wasserstrategien ist das Wasserbedarfsmanagement. Dies zielt darauf ab, weniger Wasser pro Hektar für die Bewässerung zu verbrauchen und gleichzeitig den Pflanzen auf den Feldern noch genügend Wasser zur Verfügung zu stellen. Dabei sollte vor allem die Effektivität der Bewässerung verbessert werden. Kanalausbesserungen und –begradigungen sollten zudem Verluste minimieren. Man baute nun auch Dämme und Kanäle nach modernen Standards, die weniger Wasserverluste verursachten. Weitere Studien über die effektivere Nutzung des Wassers, sowie die Ansiedlung von Pflanzen, die einen höheren Salzgehalt im Boden aushalten konnten, wurden in der Folge untersucht und teilweise auch umgesetzt. All diese Maßnahmen wurden jedoch nur nach und nach durchgeführt, da Geldmittel nur begrenzt zur Verfügung standen. Generell besteht eine hohe Abhängigkeit von finanzieller Unterstützung aus dem Ausland (FAO, Aquastat – Measures adopted to mitigate the environmental problems).

Einige Länder im ASB haben neuerdings Wassergebühren und auch Strafen für übermäßigen Wasserverbrauch eingeführt. Mit zunehmender Marktorientierung, steigt auch die Verantwortung der Bauern. Sie können nun frei wählen, welche Produkte sie anbauen und den daraus resultierenden Wasserbedarf abschätzen. So wurde schon in Kasachstan der sehr wasserintensive Reis gegen andere Feldfrüchte ersetzt. Auch die bewässerungsintensive Baumwollproduktion in Turkmenistan und Usbekistan wurde zurückgefahren. Dafür baute man vermehrt Getreide an (FAO, Aquastat – Measures adopted to mitigate the environmental problems).

3.3 Was bringt die Zukunft?

Es wurde bereits einiges erreicht. Die jährliche Wasserentnahme im ASB hat sich seit 1980 bei etwa 110-120 km³ eingependelt und ist sogar leicht rückläufig. Die bewässerten Flächen wurden ab dieser Zeit auch fast nicht mehr ausgeweitet. Dies wurde alles bewerkstelligt, obwohl im gleichen Zeitraum die Bevölkerung stark angestiegen ist (siehe Abbildung 5).

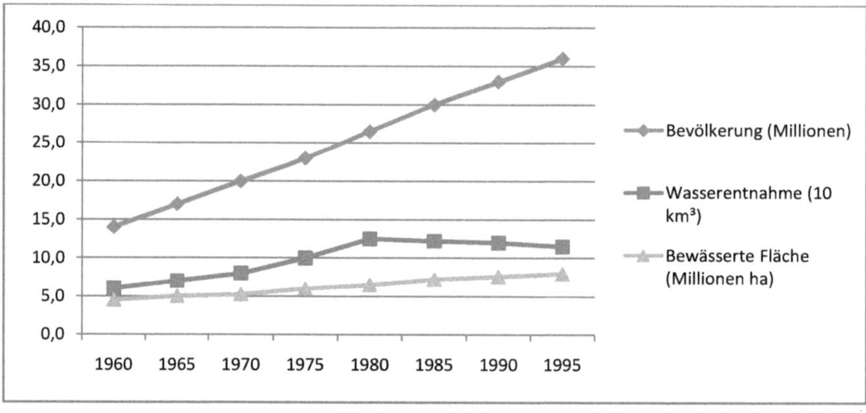

Abbildung 5: Entwicklung der Bevölkerung, der bewässerten Flächen und der Wasserentnahme im ASB (nach FAO, Aquastat - The Aral Sea basin - Irrigation development in the basin and the drying up of the Aral Sea).

Jedoch sind noch weitere Verbesserungen nötig. Die Lebensbedingung der Bevölkerung, die nahe am See lebt, ist ein wichtiges Anliegen. Sozio-ökonomische Faktoren, wie Lebenserwartung, Gesundheit und die Versorgung mit Trinkwasser, sind dort sehr schlecht. Von den zuständigen Behörden werden entsprechende Maßnahmen erwartet, um die Situation dort zu verbessern (FAO, Aquastat – The Aral Sea basin – Future prospects).

Es gibt auch mehrere Ansätze, den Wasserhaushalt des Aralsees stetig zu verbessern. Eine Möglichkeit wäre dabei, den Wasserstand des Sees von 53 m aus dem Jahr 1960 wieder herzustellen. Um dies zu erreichen müsste man 20 Jahre lang einen Zufluss von 73 km³/Jahr gewährleisten. Jedoch wird dies nicht als besonders realistisch angesehen. Es gibt andere Pläne den See auf seinem Stand von 1990 zu stabilisieren. Dies wäre immerhin wieder ein Wasserstand von 38 m und würde etwa einen Zufluss von 35 km³/Jahr in diesem Zeitraum benötigen. Dadurch wären auch die Deltabereiche der beiden Flüsse gesichert. Jedoch würde das die weitere Degradierung und Desertifikation des Seegrundes, der nicht wieder überflutet werden würde, nicht aufhalten (FAO, Aquastat – The Aral Sea basin – Future prospects).

Die Wiederherstellung eines Wasserstandes von 38-40 m im nördlichen Aralsee, würde in einem Zeitraum von fünf Jahren 6-8 km³/Jahr Wasser benötigen (FAO, Aquastat – The Aral Sea basin – Future prospects). In Abschnitt 1.6 wurde bereits erwähnt, dass der See eine gute Chance besitzt, zu überleben. Dies liegt vor allem an dem Bau des Dammes, der Abflüsse vom nördlichen in den südlichen Bereich des Aralsees verhindert. Um die Feuchtbiotope im Amudarya Delta wiederherzustellen und den westlichen Aralsee zu erhalten, benötigt man einen Zufluss von 11-25 km³/Jahr, etwa die Hälfte davon in Form von Frischwasser. Seit 1989 läuft ein Projekt in Usbekistan, bei dem Abflüsse über ein Netzwerk gesammelt und diese zusammen mit Frischwasser in die Deltabereiche des Aralsees geleitet werden, um wieder seichte Seen herzustellen. Erste Erfolge wurden damit bereits erzielt. So entwickelte sich wieder eine ausgeprägte Flora und Fauna in Gebieten, die schon aufgegeben worden waren. Dies stoppte zum einen die Winderosion auf diesen ehemals offen liegenden Stellen des Seebodens, zum anderen nahmen die Fischbestände in der Folge wieder zu. So konnten im Jahr 1993 bereits wieder 5000 t gefangen werden. 1988 waren es nur 2000 t (FAO, Aquastat – The Aral Sea basin – Future prospects).

Aufgrund der klimatischen Veränderungen im ASB gehen die verfügbaren Wasserressourcen leicht zurück. Demzufolge wird es zukünftig noch wichtiger sein, Wasser sparend zu agieren. Dies könnte durch einen vermehrten Einsatz automatisierter Tröpfchenbewässerungssysteme unterstützt werden. Verluste in Flüssen und Kanälen müssen weiter reduziert werden. Zudem darf die Bewässerungsfläche im ASB nicht mehr erweitert werden und alles Wasser, was nicht unbedingt benötigt wird, sollte dem Aralsee zugeführt werden (FAO, Aquastat – The Aral Sea basin – Future prospects).

<u>Schluss:</u>

Das Beispiel des Aralsees hat gezeigt, was passieren kann, wenn Menschen Naturressourcen nicht nachhaltig nutzen. Das ASB hat gravierende Veränderungen des Wasserhaushalts erfahren und ein Großteil dieses Ökosystems wurde durch unangepasste Eingriffe des Menschen zerstört.

Jedoch wird in dieser Arbeit auch deutlich, dass regional angepasste Methoden des Wassermanagements Wege aufzeigen können, sich an Umweltprobleme anzupassen und diese abzumildern. Selbst in der Aralseeregion, wo die Natur so schwer geschädigt wurde, konnten damit wieder Verbesserungen erzielt werden. Dennoch stecken die Fortschritte dort noch in den Anfängen und es wird lange dauern, bis sich die Natur dort erholen kann.

Literaturverzeichnis:

Bayerisches Landesamt für Statistik und Datenverarbeitung: Internetrecherche am 16.03.2009 unter: http://www.statistik.bayern.de/

FAO, Information System on Water and Agriculture, Aquastat: Internetrecherche am 08.03.2009 unter: http://www.fao.org/nr/water/aquastat/regions/fussr/index.stm

Gebhardt, H., Glaser, R., Radtke, U., Reuber, P. (Hrsg.) (2007): Geographie – Physische Geographie und Humangeographie, Spektrum Akademischer Verlag, Heidelberg.

Grambow, M. (2007): Wassermanagement: Integriertes Wasserressourcenmanagement von der Theorie zur Umsetzung, Vieweg & Teubner Verlag, Wiesbaden.

Interstate Commission for Water Coordination of Central Asia: Internetrecherche am 12.03.2009 unter: http://www.cawater-info.net/aral/index_e.htm

Landeshauptstadt München, Referat für Umwelt und Gesundheit: Internetrecherche am 2.5.2009 unter:
http://www.muenchen.de/Rathaus/rgu/vorsorge_schutz/luft/klima/101626/index.html

Mauser, W. (2007): Wie lange reicht die Ressource Wasser? Vom Umgang mit dem blauen Gold, Fischer Verlag, Frankfurt am Main.

Statistisches Bundesamt Deutschland: Internetrecherche am 2.5.2009 unter:
http://www.destatis.de/jetspeed/portal/cms/Sites/destatis/Internet/DE/Navigation/Navigationsknoten__Startseite1.psml

Statistisches Landesamt Baden Württemberg: Internetrecherche am 28.4.2009 unter:
http://www.statistik.baden-wuerttemberg.de/

Strahler A. H., Strahler A. N. (2005): Physische Geographie, 3., korrigierte Auflage, Eugen Ulmer Verlag, Stuttgart.

UNEP (2002): Vital Water Graphics – An Overview of the State of the World's Fresh and Marine Waters. UNEP, Nairobi, Kenia.

UNEP (2005): Severskiy, I., Chervanyov, I., Ponomarenko, Y., Novikova, N. M., Miagkov, S. V., Rautalahti, E. and D. Daler.: Aral Sea, GIWA Regional assessment 24, University of Kalmar, Sweden.

UNEP (2008): Internetrecherche am 10.03.2009 unter:
http://www.unep.org/dewa/vitalwater/article115.html

Vashneva, N.S. and Peredkov, A.V. (2001): Water and Health. Water and Sustainable Development of Central Asia, Fund Soros-Kyrgyzstan, S. 122-125.

BEI GRIN MACHT SICH IHR WISSEN BEZAHLT

- Wir veröffentlichen Ihre Hausarbeit,
  Bachelor- und Masterarbeit

- Ihr eigenes eBook und Buch -
  weltweit in allen wichtigen Shops

- Verdienen Sie an jedem Verkauf

Jetzt bei www.GRIN.com hochladen
und kostenlos publizieren